NUMBER TRACING BOOK FOR PRESCHOOLERS

With Sight Words!

Copyright © 2018

My name is _____

I am _____ years old

I have one mouth

1 ↓ │

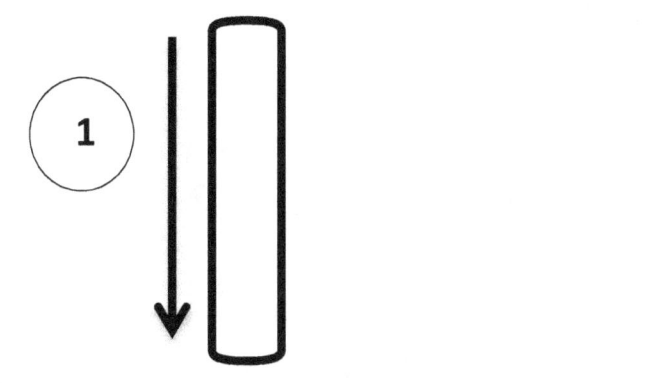

I can see with my two eyes

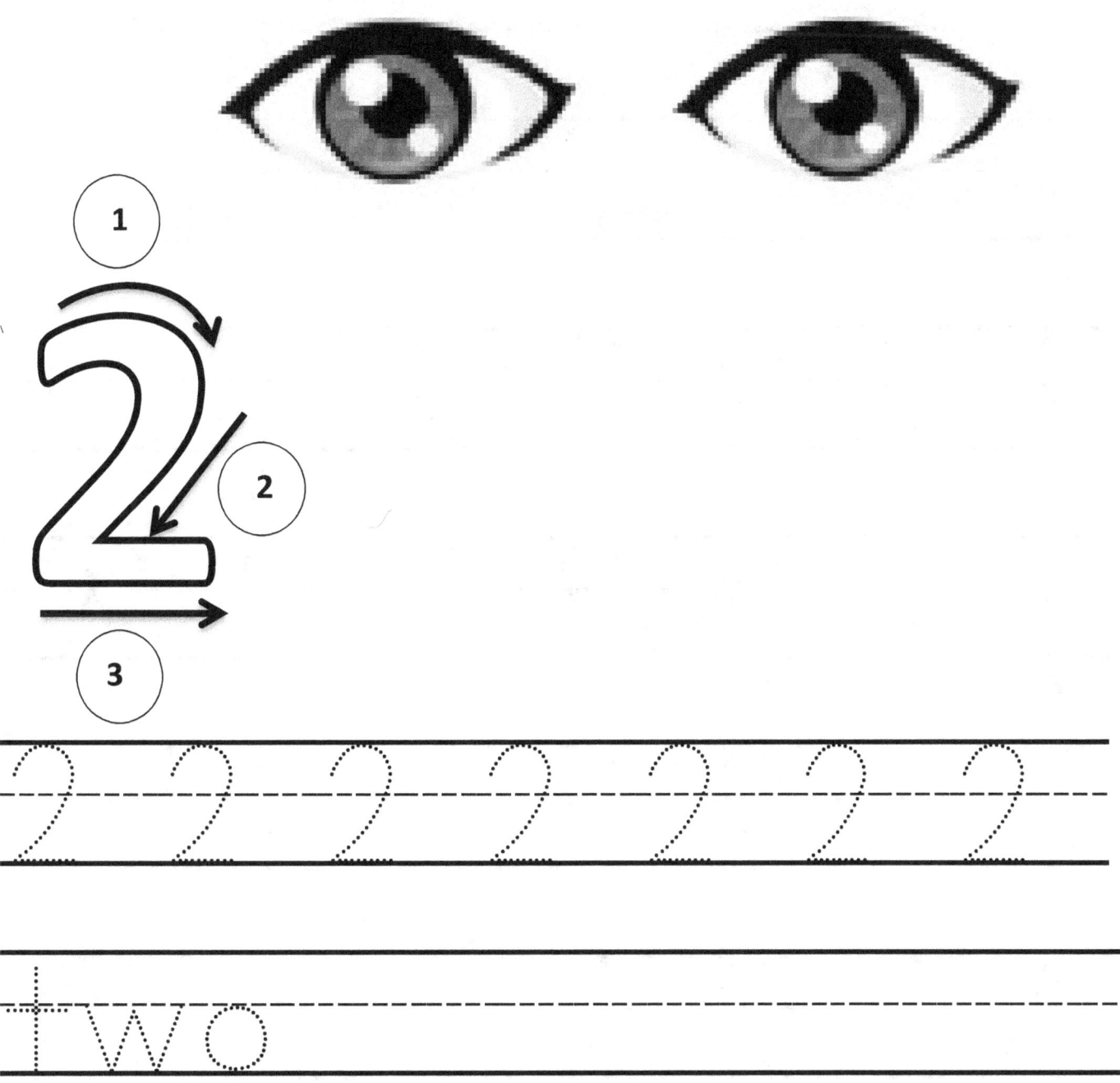

2 2 2 2 2 2 2

2 2 2 2 2 2 2

2 2 2 2 2 2 2

2 2 2 2 2 2 2

2 2 2 2 2 2 2

2 2 2 2 2 2 2

2 2 2 2 2 2 2

2

2

2

2

2

2

2

I have ~~three~~ bags

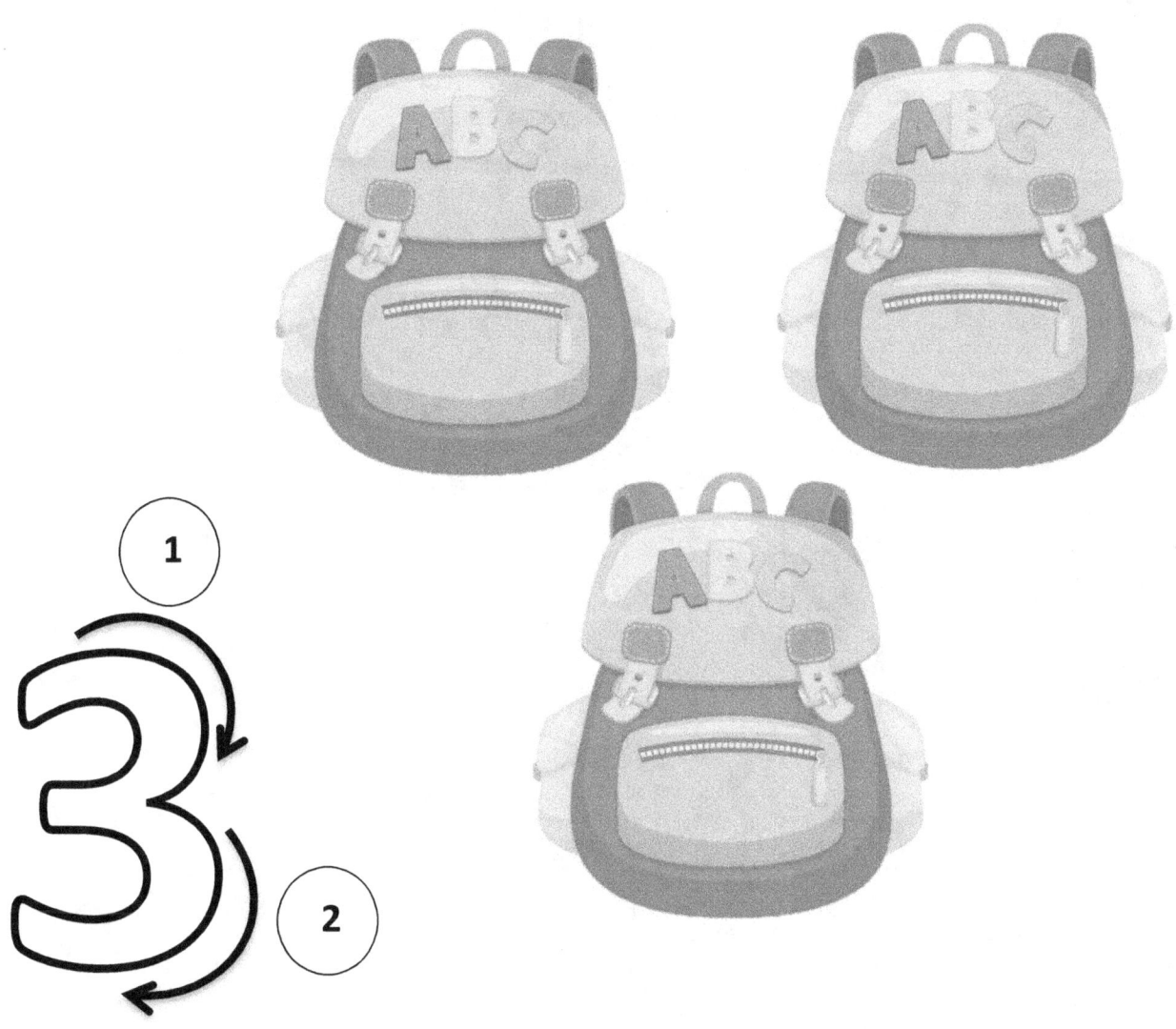

3 3 3 3 3 3 3

3 3 3 3 3 3 3

3 3 3 3 3 3 3

3 3 3 3 3 3 3

3 3 3 3 3 3 3

3 3 3 3 3 3 3

3 3 3 3 3 3 3

3 –

3 –

3 –

3 –

3 –

3 –

3 –

I can write on my four books

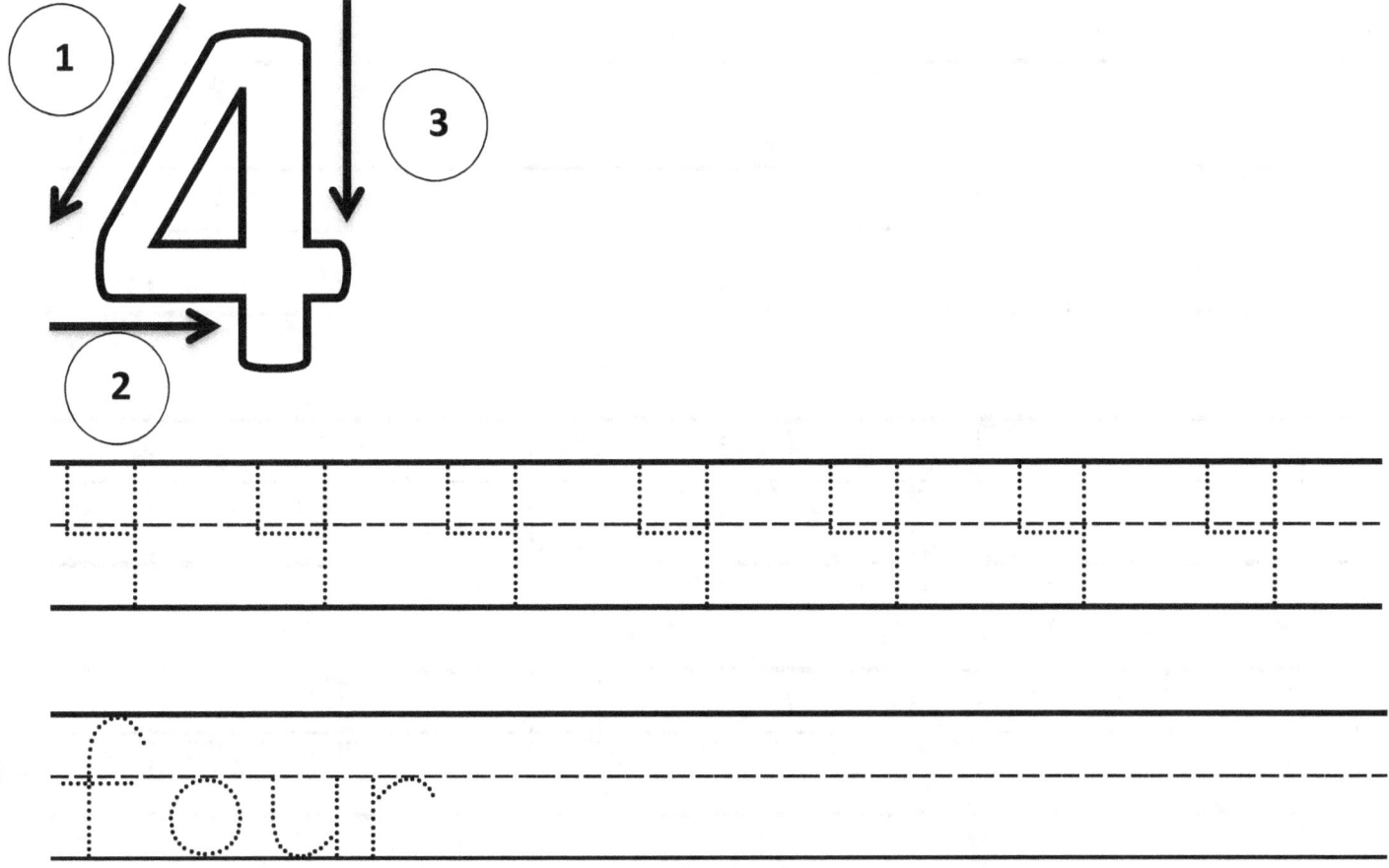

14

15

I have five balls to play with

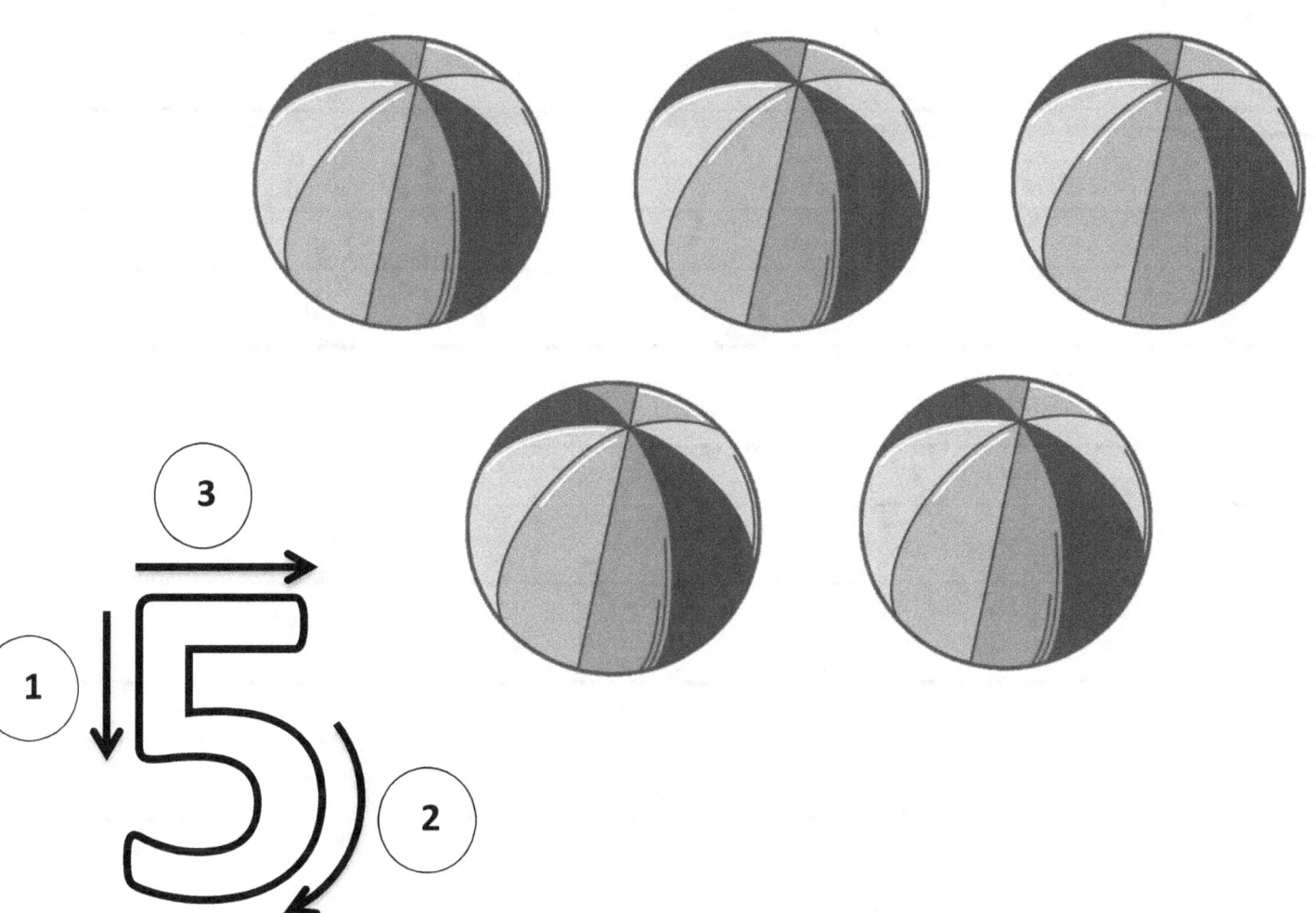

5 5 5 5 5 5 5

5 5 5 5 5 5 5

5 5 5 5 5 5 5

5 5 5 5 5 5 5

5 5 5 5 5 5 5

5 5 5 5 5 5 5

5 5 5 5 5 5 5

5 5
5 5
5 5
5 5
5 5
5 5
5 5

I can see $\overline{\underline{\text{six}}}$ dresses

I have seven hair bands to hold my hair

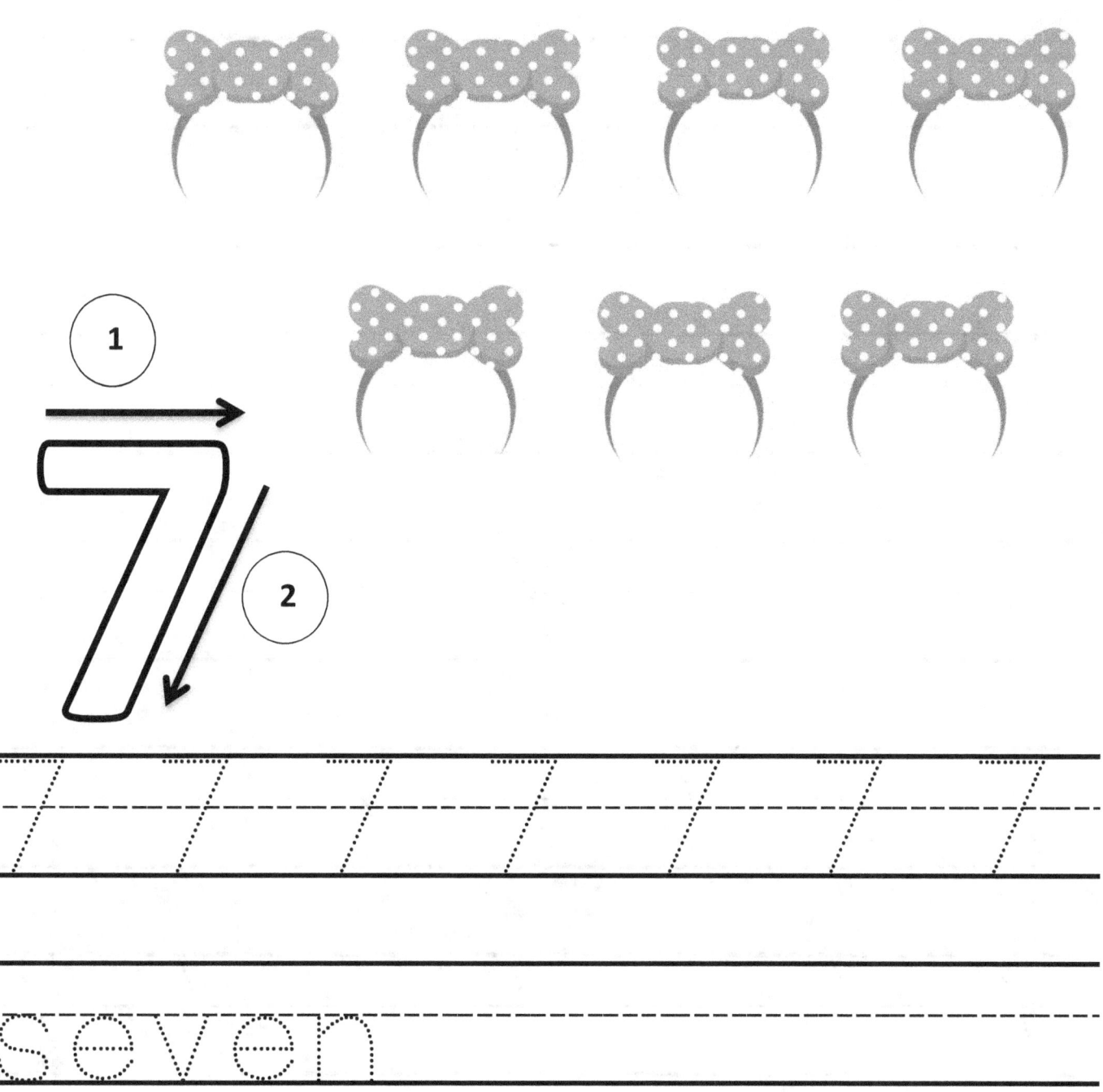

I can see ~~eight~~ cups

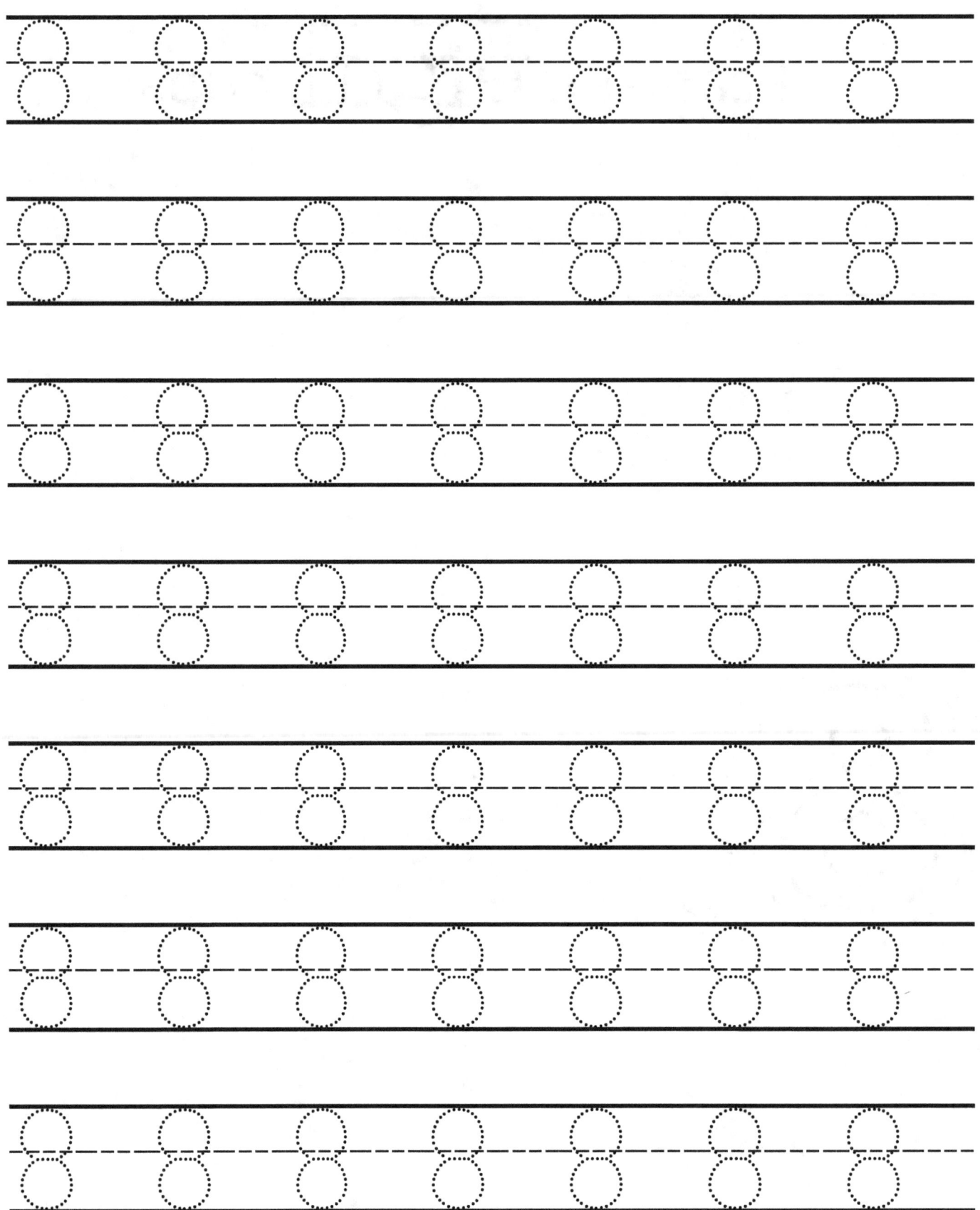

30

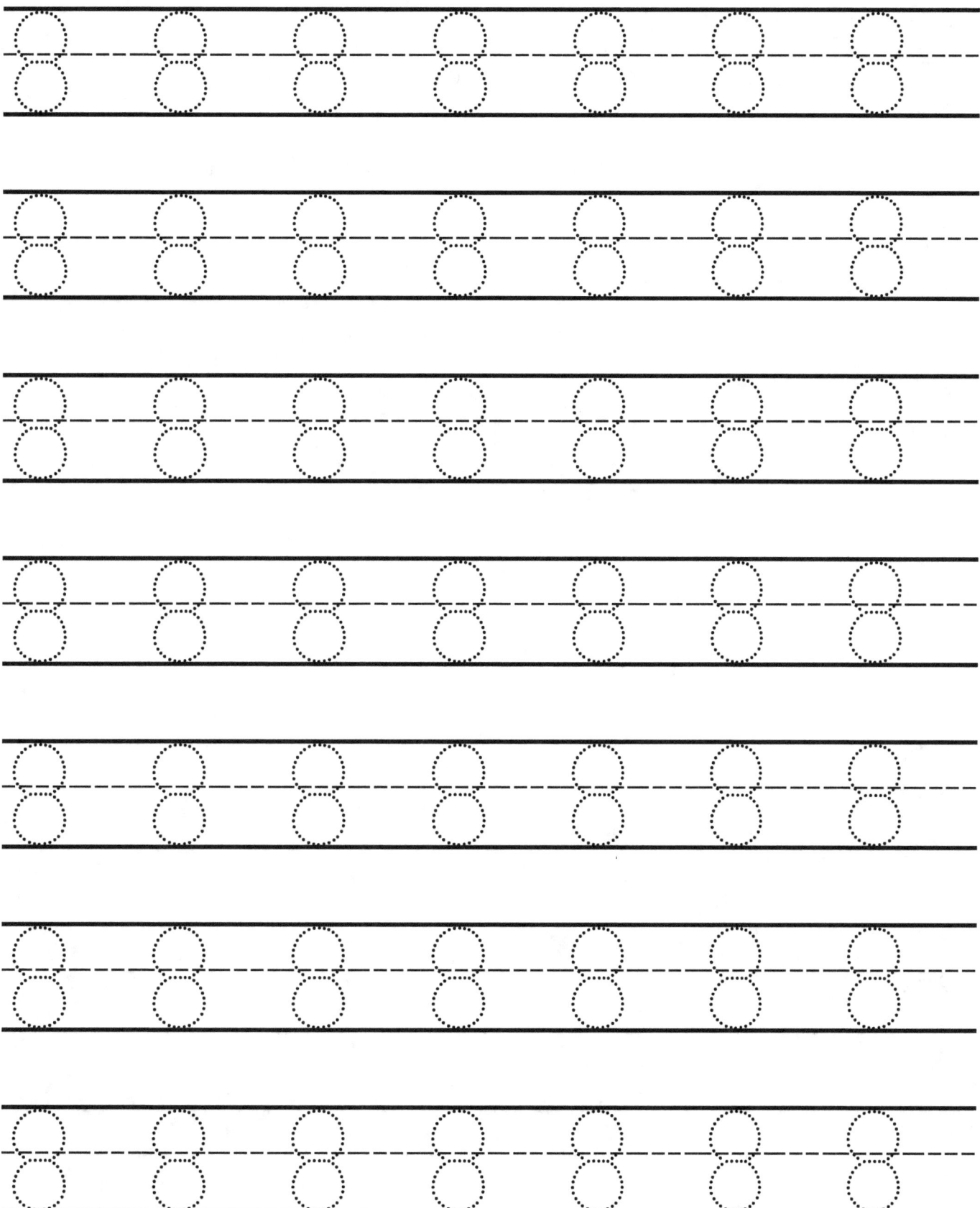

31

I can see nine pencils

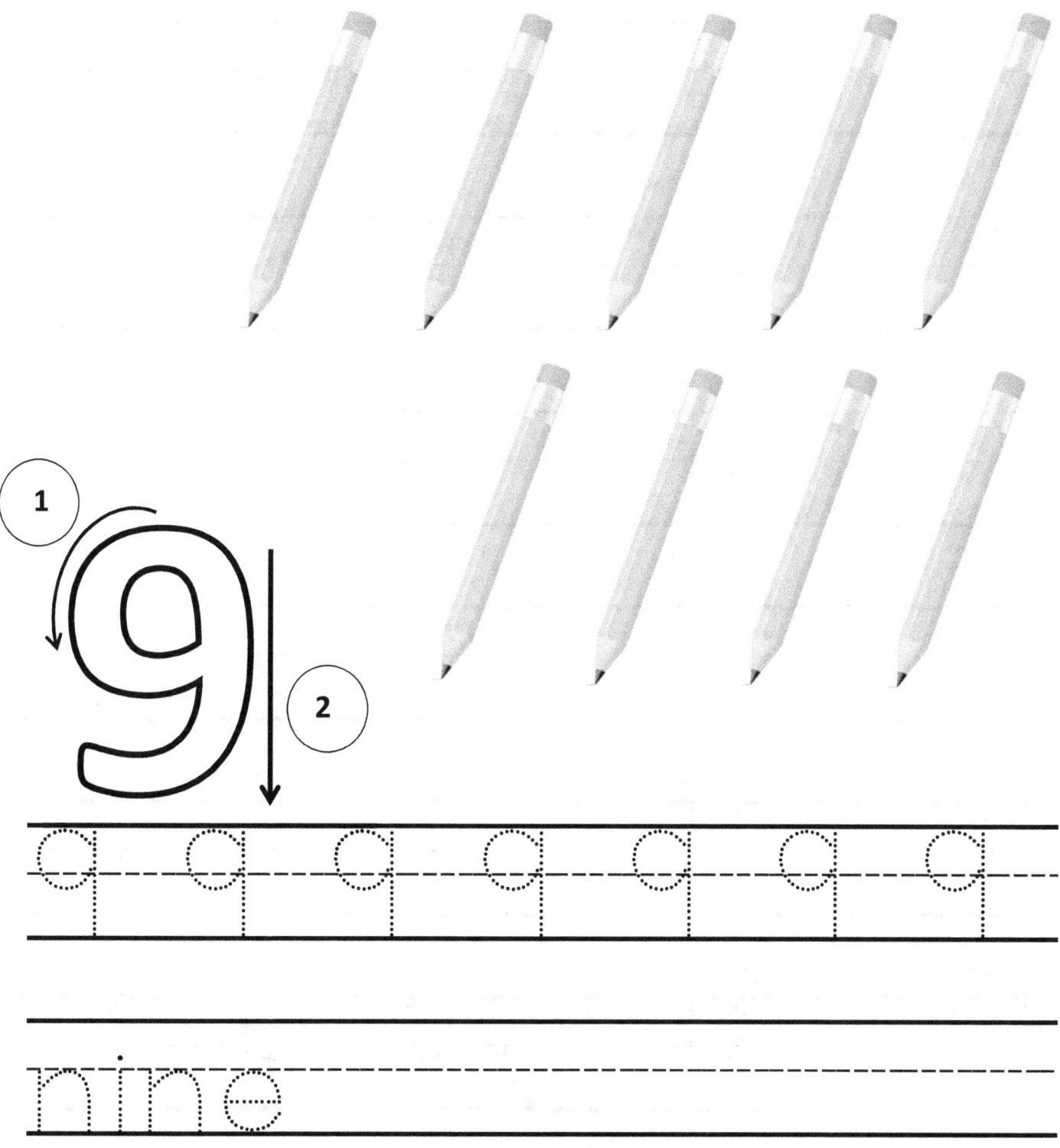

I can see ten umbrellas